国际设计新风尚系列丛书

Office Space Design

办公空间设计

众为国际 编

机械工业出版社

CHINA MACHINE PRESS

办公空间室内设计能够充分体现一个企业的形象以及人文精神。本书介绍了全球最新趋势的办公室内设计作品，这些作品包括国际著名企业的最新办公空间，也包括独具特色和创造力的其他办公空间。在所有作品中，设计师都非常注重细节的设计，使整体空间设计更加完美。本书对广大设计师有较大的参考价值。

图书在版编目（CIP）数据

办公空间设计 / 众为国际编 . —北京：机械工业出版社，2013.8
（国际设计新风尚系列丛书）
ISBN 978-7-111-42808-4

Ⅰ . ①办… Ⅱ . ①众… Ⅲ . ①办公室—室内装饰设计 Ⅳ . ① TU243

中国版本图书馆 CIP 数据核字（2013）第 122220 号

机械工业出版社 (北京市百万庄大街 22 号 邮政编码 100037)
策划编辑：赵 荣 责任编辑：赵 荣
责任印制：乔 宇 封面设计：张 静
北京画中画印刷有限公司印刷
2013 年 7 月第 1 版第 1 次印刷
169mm × 239mm · 18.25 印张 · 330 千字
标准书号：ISBN 978-7-111-42808-4
定价：69.00 元

前　言

　　在我们日常生活中，几乎处处都有设计的身影存在。我们工作的办公室、生活居住的宅院、休闲娱乐的商场、出行乘坐的交通工具、身上穿戴的服装首饰……可以说设计在我们身边抬头可见、触手可及。正是设计的存在改变着我们的生活方式，提升着我们的审美以及视觉享受，真所谓——设计无处不在。

　　中国设计近些年从各个方面取得了很大的进步，在国际上的地位和影响力不断得到提升，与国际间的交流也越来越频繁、越来越密切。设计本身就是一种语言，是没有国界的，好的设计就应该被一起分享、彼此欣赏、共同成长。

　　我们本着交流分享的心态收录了来自中国、英国、美国、意大利、西班牙、新加坡、日本等国家和中国香港、中国台湾等地区的知名设计师工作室的优秀作品。他们以不同的风格、不同的文化、不同的理念，诠释共同的主题——设计。

　　我们衷心地希望这一系列丛书的出版能给广大设计师朋友们带来帮助和参考，为中国设计事业的发展尽一点微薄之力。

编者

目录／Contents

喜力啤酒墨西哥办公室

设计公司：Art Arquitectos
摄影师：Paul Czitron

喜力墨西哥公司的喜力办公室位于墨西哥城的 Polanco 区。这栋建筑被墨西哥评鉴机构 INBA 划分为历史遗迹。

整栋建筑的外表面富有古典气息，被保留得非常完整。围墙上嵌有遮光玻璃，不仅可以很好地保护隐私，同时吸引了人们一探究竟的目光。一楼的外墙面用采用镀铜结构的金属管搭建而成，上面镶嵌了双层的绿色遮光玻璃，品牌标志也清楚地呈现出来。玻璃幕墙上方的围墙上是一个类似啤酒瓶的绿植装饰，白色的绿植部分就像是啤酒瓶中喷涌而出的泡沫，一直流向瓶底。

室内大厅达到 2 层楼高，有一座曲线形楼梯直通二楼。

Skype斯德哥尔摩总部

设计公司：PS Arkitektur
设计师：Mette Larsson-Wedborn, Peter Sahlin,
Beata Denton, Therese Svalling,
Erika Janunger
摄影师：Jason Strong

斯德哥尔摩建筑公司 PS Arhitektur 为 Skype 设计了全新的瑞典总部办公室。总部办公室中包含了音频视频工作室、办公区域以及公共区域，员工总数为 100 人。Skype 软件应用的核心思想促成了此次的设计理念。它的核心思想是：Skype 是一个非常有用并且有意思的工具，它帮助人们在互联网中聊天并且进行视频与音频对话。基于其起到的不同空间连接对话的作用，设计师将这种抽象的概念具体化，运用到了室内设计之中。Skype 总部中松软的家具设计来源于它的 logo，众所周知，其 logo 是一朵云彩，设计师将它艺术地翻译过来，用到了家具设计中，就产生了云状的照明灯。

Skype 斯德哥尔摩总部办公室的前身是啤酒厂，将其设计成具有高端音响效果的 Skype 办公室就成了设计师的工作重点。他们设计安装了隔音效果极佳的隔音墙，这对于重点发展音频视频的企业来说非常必要。

热情洋溢的办公环境和五颜六色的色彩来源于 Skype 软件本身的界面设计。现代办公室内设计不仅要达到赏心悦目的要求，而且还要充满活力。这个办公空间营造出了愉悦的气氛，摒弃了旧的办公设计中呆板的感觉。对于办公空间而言，设计师都应该努力创造活泼愉快的氛围，而 Skype 总部的设计则充分体现了这点。

Stenham伦敦办公室

设计师为这家资产管理公司设计了总面积1.4万平方英尺的办公室，其中包括接待室、会议室和办公区。接待区的墙壁上安装了整排的照明装饰。

设计公司：Bluebottle Architecture and Design
设计师：Bluebottle Architecture and Design
摄影师：Philip Vile

TBWA／Hakuhodo公司
室内设计

设计公司：Klein Dytham Architecture
设计师：Astrid Klein, Mark Dytham,
Yukinari Hisayama, Yoshinori Nishimura, Joe
Keating, Mayumi Ito, Nazuki Konishi,
Makiki Okano, Hiroshi Ohsu
摄影师：Kozo Takayama

此项目是两家分别名为 TBWA 和 Hakuhodo 的公司合作投资的一个位于东京的全新公司，设计师受邀完成了新公司的总部设计。新总部建筑的前身是一家废弃的保龄球馆，此建筑为多层，结构比较复杂。设计公司将此公司总部室内设计定位为公园式办公环境，里面布满植物、木板路以及绿色的人造草皮地毯。穿过这片"园林"是一座小型村庄。村庄中的房子分别是会议室、工程项目研讨室、总监办公室、员工办公区。有些房子还安装了梯子，工作人员可以爬上梯子到屋顶开会或者小憩。

Google办公室

设计公司：Scott Brownrigg Interior Design
设计师：Ken Gianninni, Sarah Simmonds
客户：Google
摄影师：Philip Palent

　　Scott Brownrigg 设计公司分两次为谷歌公司设计了一期和二期办公室，此项目位于伦敦 Buckingham Palace Road 大街 123 号。这两期的设计总面积为 7.75 万平方英尺，供 600 名员工同时办公。

　　一期的办公室设计目的主要是创造一个具有活力并且能够促进员工之间合作的工作环境，以应对谷歌公司在伦敦日益增长的员工数量。与谷歌在全球其他地方的办公室一样，这的办公室也具有极强的地方色彩。谷歌公司的 Joe Borrett 和 Jane Preston 与 Scott Brownrigg 设计团队共同合作，选定了伦敦—布莱顿主题风格，因此，这两地的特色元素在办公室中随处可见。例如， 色彩鲜明的海滩小屋元素被运用到会议室的设计中。

　　总面积 3.775 万平方英尺的二期办公室延续了伦敦—布莱顿主题元素，比起一期来说设计更加精巧。

PAPSTAR POLSKA办公室

设计公司：KREACJA PRZESTRZENI
设计师：Anna Matuszewska
摄影师：Paweł Penkala

PAPSTAR POLSKA 办公室的室内设计的想法来源于一个真诚的愿望：创造一个不同于人们日常所见到的循规蹈矩的办公室。此项目的最终目的是一能使同事友好、客户期待、以及合作深入的办公环境。秉承着这种理念，他们在大厅中采用了创意灯具作为装饰，并且用漂亮的墙纸来点缀空间，北欧风格的家具也随处可见。设计师得到委托人的要求，并没有将总经理办公室设计得更加出彩，而是所有办公室都一视同仁。此外，设计师还了解了此公司的企业标识以及主要业务，以便能够设计出更加符合企业理念并且极具魅力的办公环境。

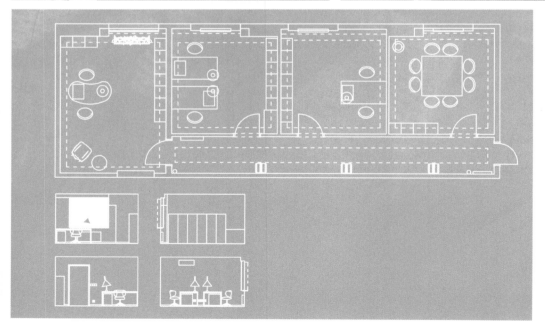

红牛阿姆斯特丹总部

设计公司：Sid Lee Architecture
设计师：Sid Lee Architecture
摄影师：Ewout Huibers

　　这个项目是红牛公司在阿姆斯特丹的总部室内环境设计。整体设计显示出了街头文化和极限运动的风味。红牛总部办公区是一个旧造船厂改建而成，场地附近有一太旧的集装箱起重机和一架废弃的俄罗斯潜艇。设计师在其内部空间的设计上注重红牛品牌的理念和空间视觉的融合：空间视觉要体现红牛品牌的主旨。为了体现运动感觉，设计师采用了山崖、花瓣坡道等抽象几何形状来丰富室内空间，建立了一个半开放的空间形式，从而使空间体现出别样的味道。工作人员可以在轻松的办公环境下显现出巨大的潜力。

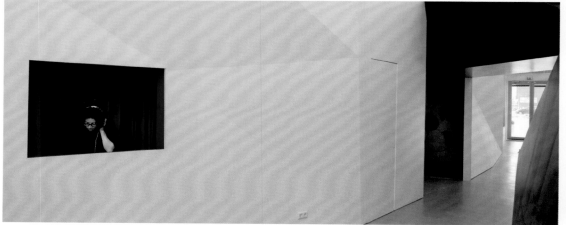

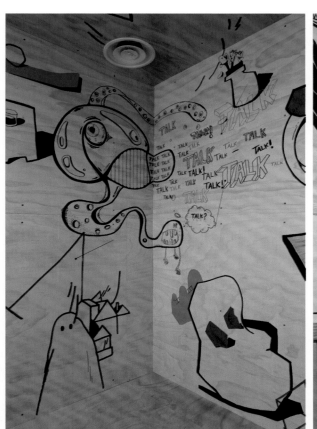

THE STRATOS

THE HOLYSHIT

Tribal DDB
阿姆斯特丹办公室

设计公司：i29 interior architects
设计师：Jaspar Jansen, Jeroen Dellensen
摄影师：i29 interior architects

　　阿姆斯特丹 Tribal DDB 公司是世界级广告公司 DDB 的一个分公司，客户群体为高端市场。它是世界上最大的广告公司之一，i29 事务所为其设计这间有 80 人的分公司。

　　事务所的目的是为 Tribal DDB 的新办公室设计一个极富创造性和互动性的工作环境，同时提供尽可能多的工作区域，以利于长时间以及集中性的工作。在全新的空间设计中，特别设计了许多灵活的书桌和大块的空地，以便创意人员能够保持长时间的高效工作。作为 DDB 集团的一部分，Tribal DDB 的办公室需要有明确的标识，以符合母公司的统一形象。新的办公室需要凸显 DDB 既亲切活泼又专业严谨的特质，因此需要一些灵动的富有创意的设计元素。

　　新办公室坐落在办公楼内，因此，无法改变建筑原有的结构。如何运用原有的建筑元素，并将其与一系列创新的办公室空间元素和谐地统一是他们面对的挑战之一。最终，他们使用了一个可移动的天花板系统，并且设计了一个圆形的楼梯结构。此外，为适应开阔的空间，音响系统也很重要。

　　i29 事务所的相关人士告知，原材料的选取对于整个项目至关重要。"我们选择了一种俏皮的、有强大吸音功能的材料，它可以保证开阔空间的同时又具有较好的私密性，同时还有效地遮盖了拆卸的痕迹。我们也许再也找不到这么好的材料用于地板、天花板、墙壁、家具乃至灯罩，它吸音、防火，又环保又耐用。当然，要用它来做这么多东西还真是不容易啊！"

Van de Velde公司陈列室

设计公司：LABSCAPE
设计师：Robert Ivanov / Tecla Tangorra
摄影师：Robert Ivanov

比利时内衣品牌公司 Van de Velde 在纽约 Madison 大街和第 33 大街的交汇处开设了一处新的陈列社。

这个典型的"曼哈顿"开间分为 4 个不同的区域：入口、单人办公室（也可以用作会议室）、两个工作室以及一个陈列区域。

它的室内主题在于网状设计：网的组合方法、结构以及整体的几何图形都会使空间具有延展感。

入口在室内各个区域中起到了通道的作用。它右边玻璃状的空间可作为工作间或者私人会议室来使用。

左边是陈列区，有一面安装了 21 个不规则格挡的墙体，用来摆设商品。

这家新颖具有现代感的陈列室由意大利 LABscape 设计公司操刀完成。

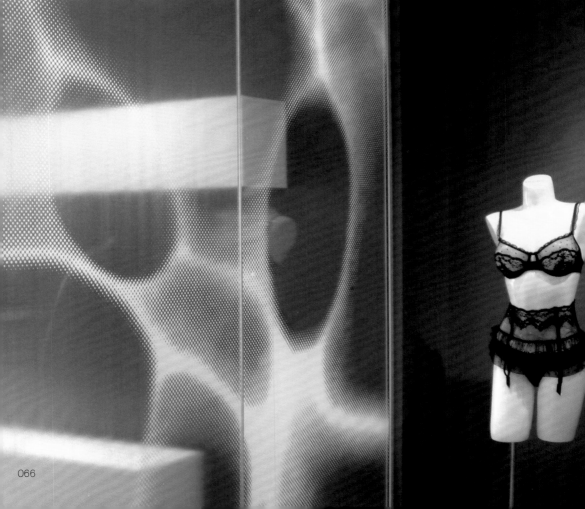

白纸主题办公室设计

设计公司：Design Systems Ltd
设计师：Lam Wai Ming, Fanny Leung, Esther Yeung, Kent Wong
摄影师：Design Systems Ltd

这是一家室内设计公司办公室的设计项目。"白纸"是设计的主题，比喻公司作为一个白色的世界等待着设计师为它增加色彩。在设计的范畴里，每一个项目开始时也像是一张白纸，随着项目的开展，白墙和白板上都开始渐渐地贴满了研究计划、草图和项目表，记录了每个项目的演变，就如一本设计师的日记本。铜制的大门和白色的地板收集了每个员工和客人的指纹和脚印，亦成为了公司发展的见证。

为了迎合设计事务所对大量储存空间的需求，在墙身以及门后面隐藏了很多储存架，把设计师们杂乱的图纸遮盖起来，这样的设计保证了表面的整洁和条理性。虽然设计选用的物料价钱都比较便宜，但是都经过特别处理。例如，将众多杂乱的电线用传统玩具"扭蛋"的塑料外壳包裹着，特别的扭蛋造型也成为办公室里的装饰品；还有，出于环保考虑，所有办公桌都选用可循环利用的木纤维甲板为材料。

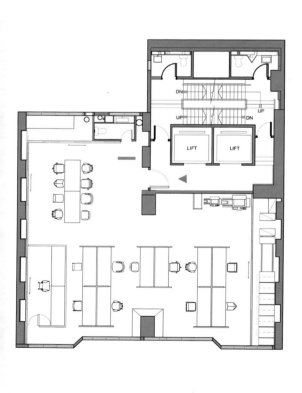

Attraction Média
传媒集团

设计公司：Sid Lee Architecture
设计师：Sid Lee Architecture
摄影师：Sid Lee

设计师受邀为 Attraction Média 传媒集团重新设计其办公环境，要将它旗下的分公司（包括 Jet Films、Bubble Television、Cirrus Communications、Delphis Films、La Cavalerie 以及 Attraction Media）都安置在一个屋檐下办公，且不抹杀每个分公司自身的个性。

新的办公区域面积大约 4 万平方英尺。受到城市景观设计的启发，设计师将此办公室内设计定性为小型城市设计，其中包含友好邻里、购物中心、街道和远景等。

Attraction Média 传媒集团多样性的分公司在此设计中组成了所谓的"邻里关系"，每一个分公司的办公室设计都各具特色，色彩对比明显。所有办公室都围绕在中心区域（类似于城市中购物中心的地方）周围。此区域中心位置有一间小酒馆，以供 6 个分公司的员工来这里休息。每个办公室的设计灵感都来源于其主要的业务内容。最终，集团内部所有的设计一起构成了小型城市空间。

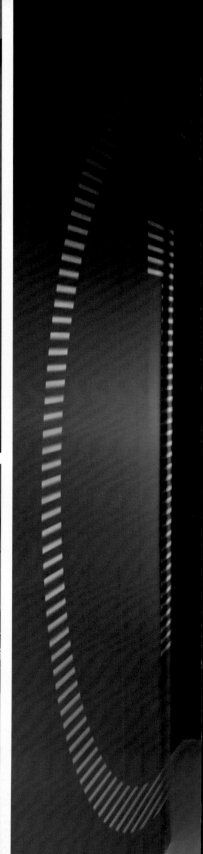

AVEDA意大利总部

APRIL 设计公司为意大利著名的专业美容美发公司设计了米兰总部。基于此品牌的服务理念，设计师为其设计了最高规格的优雅办公环境。

设计公司：APRIL
设计师：Alessandro Farinella, Francesco Tiribelli
摄影师：APRIL

BEAUTY IS AS BEAUTY DOES

085

Cisco Systems Inc办公室

设计公司：PENSON Architects Ltd
设计师：PENSON Architects Ltd

PENSON Architects Ltd建筑设计公司为Cisco Systems Inc公司设计了这间开放式的办公空间。为了满足极其强大的储物要求，室内以前就在墙壁上安装了大量的壁柜。这些橱柜可以使用25年之久，很多年过去了，橱柜没有任何的破损。在这次的翻新设计中，设计师将它们涂为白色，给整个空间焕然一新的视觉效果，这样既省钱又环保。

由于整个空间四周的巨大落地窗，原来的室内空间存在一个关于隔音的历史遗留问题。Cisco公司希望保留一部分原有的室内结构，所以设计师只能对这部分进行极小的改动，但要解决隔音的问题。PENSON设计公司决定利用隔音板来达到减少噪音的目的。设计师找到能够起到隔音效果的厚泡沫板和纺织物，并且邀请木工将这些材料切割成合适的尺寸用于每间屋子的隔音之用。

大会议室中的黑色地毯能给人们带来错觉，将它当做毛皮地毯。墙面上的巨幅地图标注出了Cisco公司的新兴市场。此外，出于环保和经济的考虑，工作椅被重复使用并且铺上了全新的垫子。

Cisco的全新办公总部迎合了其新兴市场的发展崛起之路，是一个既能放松身心又能全新投入工作的世界"工厂"。

TESC
building 9, bedfont lakes

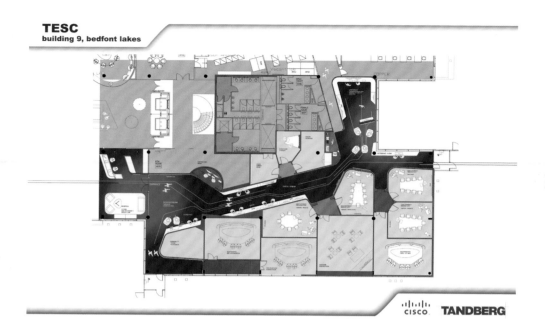

ON—A新办公室

全新的 ON—A 办公室是基于业务拓展以及研究新数字技术和产品的目的而开设的。整个室内处于全开放状态,集科研和生产于一体。

设计公司: ON-A
摄影师: Lluis Ros

Google伦敦总部

设计公司：PENSON Architects Ltd

处于欧洲室内设计和建筑设计领导地位的PENSON公司为Google公司设计了位于伦敦中央圣吉尔斯大楼的办公总部。这间面积达到16万平方英尺的办公总部拥有极其神奇、多姿多彩的地板设计，室内包括接待区、图书馆、健身房、咖啡厅、工作区以及其他色彩鲜艳、造型独特的装饰品，同时具有可观看伦敦广阔天空的开阔视野。这是一个非常简单又令人惊叹的室内设计。

PENSON集团用回收材料装饰这片童话般的土地，讲述着这座城市久远的故事。舒适可容纳200人的"祖母屋（在主体住宅外加建的房屋）"式大厅会议室里，摇椅边灯影绰绰，以潜水艇为灵感的绿色房屋，隔音门写着"未经允许不得擅自开门"，PENSON设计的Google新办公室则位于这两片区域之间。Google全新伦敦办公室有1250张办公桌和会议椅，顶楼还建有一座秘密花园，也许Google的无压力生产力就是这样产生的。

Micro Kitchen

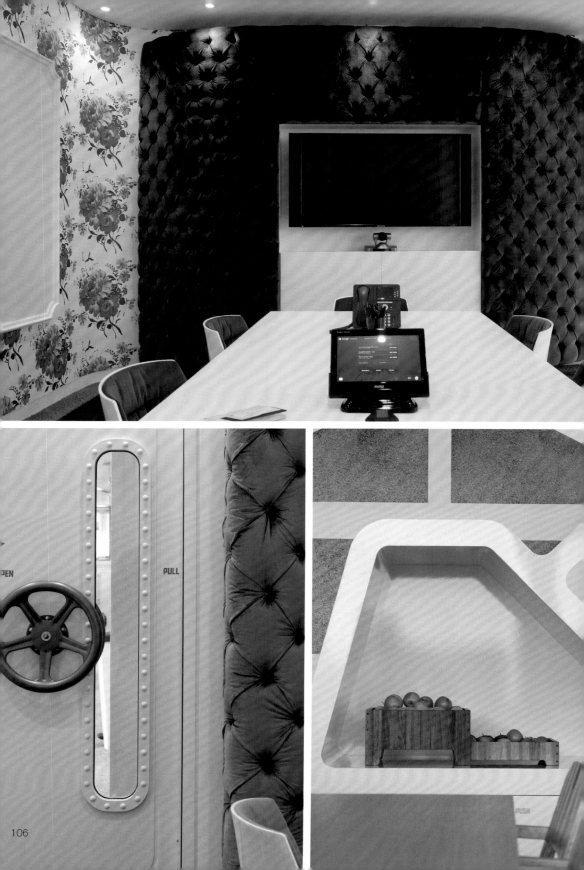

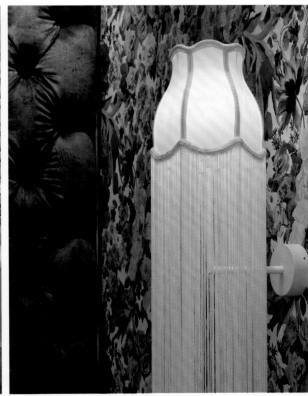

BOMTON办公室设计

设计公司：Konzept Nr.2
设计师：Martin Bartoš, Martin Šóra

BOMTON 公司是布拉格一家专为客户提供顶级保障和服务的美容连锁工作室，其办公室全部被改变，重新规划设计。原先的石灰墙面被巨大的衣柜所代替，它将不同的房间隔开，同时还提供了更多的储物空间。值得一提的是，大衣柜外表的视觉效果每年会根据公司内部的新产品而更换。因此，可以说这家公司每年都会呈现出新的视觉面貌。

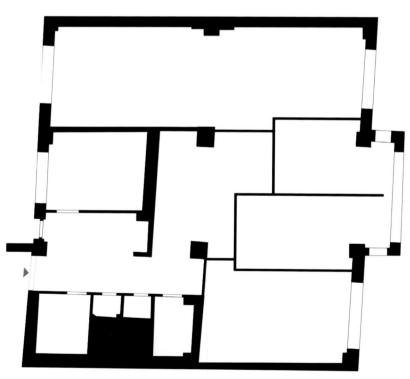

上海天山路 780 号

设计公司：Design Systems Ltd
设计师：Lam Wai Ming, Fanny Leung,
Esther Yeung, Zhang Xing, Kent Wong,
Yanny Cheung, Fang Huan Huan, Yannes Li
摄影师：Design Systems Ltd

这座楼高5层的办公大楼拥有逾40年历史，属典型旧式现代主义建筑。基于现有大楼当年的建筑方法，整幢楼宇的所有墙身皆作负重之用，所有间隔都不得改动，对这个项目的空间配置造成限制。经过力学计算之后，设计者在负重要求最小的顶层拆除部分墙身，并加设钢架承托楼顶。所有楼层维持原来"中央一条通道，两旁布满小房间"这个井然有序的间隔。

为了使大楼与周边社区及环境互相协调，设计师选择保留大楼原有的窗户、楼梯扶手栏杆、墙身等这些饱经风霜的历史见证作为框架，以简单的白色油漆进行翻新，让大楼在隐然褪色的岁月痕迹当中，细诉昔日往事。同时，更以铜作为贯穿各个楼层的设计语言，特制所有标识指示、门框及装饰，令空间在焕然一新的同时，淡淡地流露老上海的独特风韵。

客户是一家中国公司，有不少外国的客户及供应商经常到访交流。为了强化这家公司的独特身分，董事长办公室内设置了一张云石茗茶桌，象征富贵的牡丹图案地毯，以及寓意平衡之道的铜制吊饰，来反映公司的文化背景与内涵。

由于大楼内的楼层高度和空间间隔较小，各楼层办公室的天花均以铝材特别制成不同造型，以符合功能上的声学及光学要求。

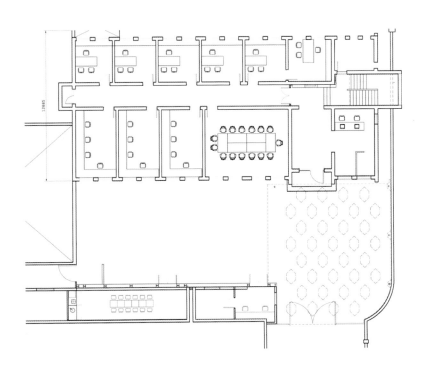

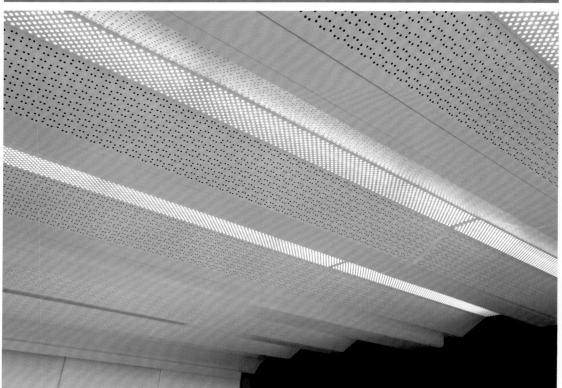

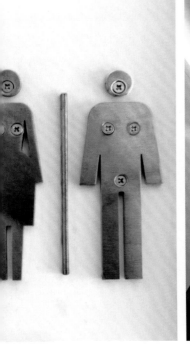

Barwa银行

Barwa 银行分行室内设计项目是 Crea International 设计师事务所最具有挑战意义的设计案例。客户要求此项目的设计能带动未来伊斯兰银行的室内设计方向，于现代时尚感中融入伊斯兰传统。

此外，还必须为客户营造一种不拘泥于传统银行形式的环境，使他们感到轻松舒适，就像进入专卖店中受到极大的欢迎并且近距离接触时尚与奢华一样。

设计公司：Crea International
设计师：Massimo Fabbro, Libero Rutilo,
Viviana Rigolli, Giuseppe Liuzzo,
Sonia Micheli, Nicola Golfari
摄影师：Jaber Al Azmeh

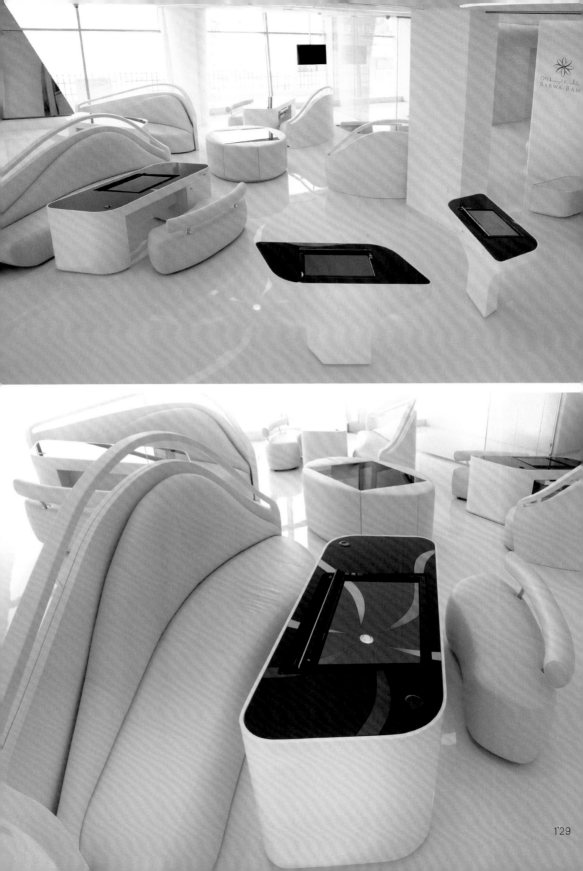

BARWA·BAN

1'29

Besturenraad／BKO 办公室

设计公司：COEN! design agency

COEN！ design agency 设计公司为 Besturenraad 和 BKO 两个机构设计了一间全新的办公环境。这两家机构计划在一个新地方展开更加密切的合作，共同关注荷兰教育领域中的两个不同的宗教派别：天主教和新教。此项目的目的是从视觉上将这两个机构的目标和理念联系起来。

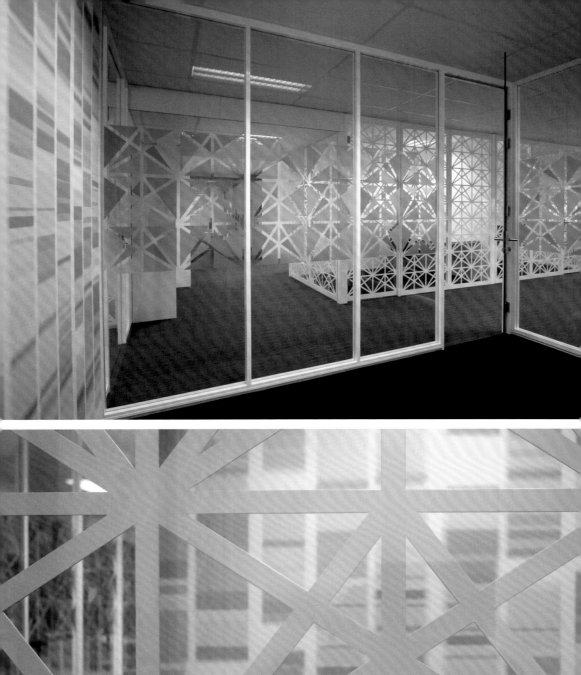

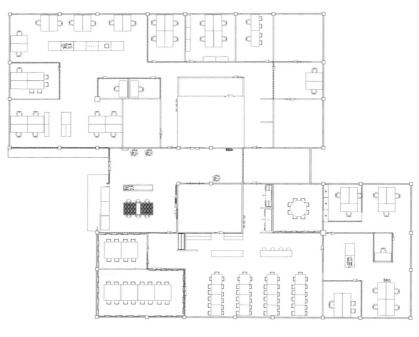

一层平面图

Celgene办公室

设计公司：Scott Brownrigg Interior Design
设计师：Beth Glenn, Kate Mason
摄影师：Philip Palent

Scott Brownrigg 为美国一家名为 Celgene 的医药公司设计完成了面积达 7.5 万平方英尺的办公空间，是位于英国阿克斯布里奇 Stockley 公园的 Celgene 总部。

此项目涉及 Celgene 的两家温莎分公司的合并，新的办公室位于 Stockley 公园的一栋两层楼中。

这种合并同时也代表了全新的工作环境模式：从相对封闭的商务大厦转移到更加开阔、自由的新环境中。

一楼和二楼是由小隔间和开放区域共同组成的。一楼包括会议室、电话间、图书馆、会客室、咖啡厅、礼堂等；二楼有会议室、温室、淋浴房以及由复印区、意见反馈室等组成的配套设施区域。

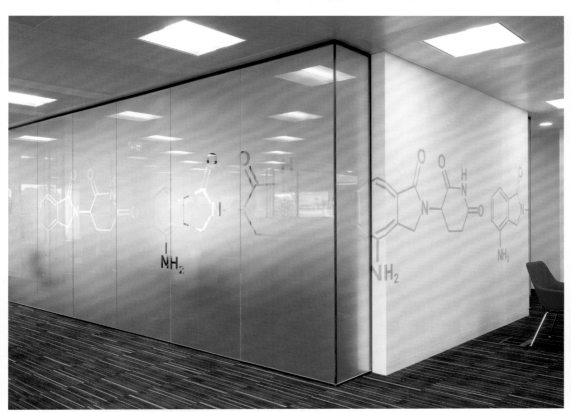

IBM高科技创新体验中心

罗马 IBM 高科技创新体验中心进行了彻底翻新，并且扩大了办公面积。设计师 Massimo Iosa Ghini 和其团队将 IBM 品牌标志中著名的条纹形态加以改动运用到了室内设计中，使其更具魅力。

这个室内设计中的视觉效果为参观者营造了舒适的感觉。

设计公司：IOSA GHINI ASSOCIATI SRL
设计师：Massimo Iosa Ghini
摄影师：Santi Caleca

乐高PMD办公室

设计公司：ROSANBOSCH
设计师：Rosan Bosch, Rune Fjord
摄影师：Anders Sune Berg

全球知名玩具公司 LEGO 出品的乐高拼砌玩具曾经伴随无数孩子的成长，乐高代表的是快乐，是无限的想象，是创意的未来。Rosan Bosch & Rune Fjord 设计师事务所受邀设计了乐高 PMD 办公室，再次将快乐的童真注入设计之内。

办公室空间宽阔开敞，颜色明艳的夸张家具错落有致，半空悬着犹如传送带一样的金属管子，让人怀疑置身一个梦幻工场。明亮的陈列柜里摆放了各式精美的乐高玩具组合，绿色植物带来了活泼的生机，令人兴致盎然，无论是大人还是孩子置身其中都能体会到设计师丰富的想象力，同时也会产生温馨的感觉。

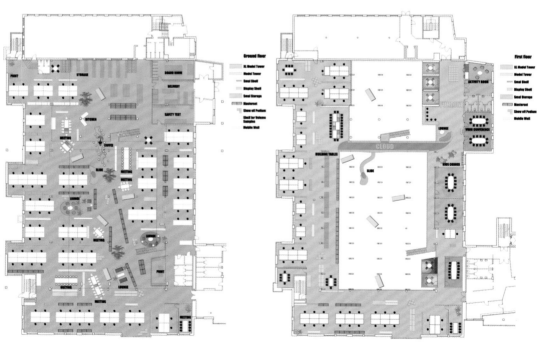

162

166

167

Kantoor MBO Raad办公室

设计公司：COEN! bureau voor vormgeving
设计师：Bos en Alkemade, Frans Alkemade en
Fred Bos, IJsselstein

MBO Raad 是荷兰一家职业教育培训企业。为荷兰的成人教育和培训提供帮助。

这间办公室的室内翻新设计由 COEN！设计师事务所负责，目的是创造一个明亮、多彩、具有吸引力的办公环境。

企业的标识与产品以及其室内装饰设计都基于协会的理念而来。此外，恰当的色彩运用也极大地增强了办公环境的舒适感。

每一个人都是独特的，COEN！设计师事务所擅长将这种个性的东西转化在室内设计之中。特定的企业尤其其独特的理念，这就是设计师在进行此项目之初了解企业标识特性的原因。了解了代表企业灵魂的标识，后续的室内设计变得简单很多。

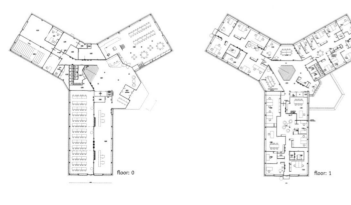

floor: 0

floor: 1

floor: 2

meguro办公室

设计公司：nendo
设计师：nendo

Nendo 是一家建筑设计公司，办公室位于东京目黑河附近一栋古老办公楼的 5 楼。Nendo 想要一个功能齐全的办公空间，包括会议室，管理室，工作区以及独立的储藏区，但同时还要保持各个区域之间的联系。为了达到这个目的，Nendo 将整个空间用墙体分割开来，这些墙壁像起伏的垂到了地上的布一样，将各个小空间围起来，既有别于一般的办公空间的隔断，又不是真正意义上的墙壁。员工可以往返步行于部分墙壁"凹陷"处。附同种塑料窗帘，使人们工作时无需担心噪音影响，又不会感到孤立。当员工站起来环顾四周的时候，其他人，架子，植物在这些独特的墙之中若隐若现。

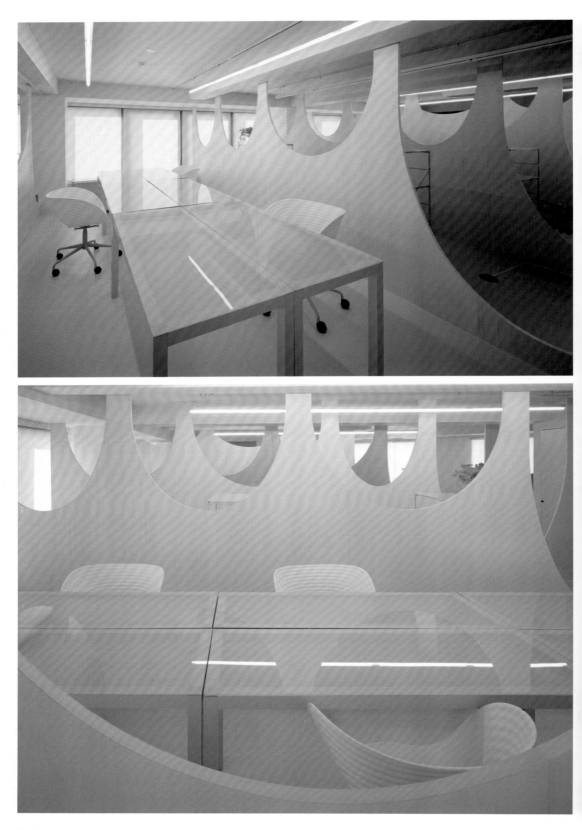

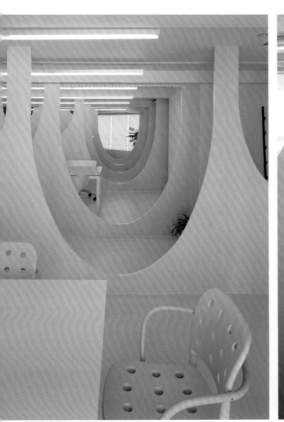

Netlife Research研究中心

设计公司：Eriksen Skajaa Architects
设计师：Arild Eriksen, Joakim Skajaa
摄影师：Ivan Brodey

Netlife Research 研究中心的用户体验咨询处委托 Eriksen Skajaa Architects 事务所为其设计具有创造力和吸引力的全新办公空间。

这间办公室空间呈长条状，比较幽深、光线灰暗而且屋顶低矮，所有这些客观条件对设计来说都是一个挑战。最终设计师选定浅色作为此项目的基本设计理念。设计师采用白色的地板和天花板来增强室内的光线，同时用巨大的玻璃墙将不同功能的会议室分隔开来。而黑色的大厅使整个室内呈现出严谨的视觉效果。

此外，设计师还在办公室内设计了四个不同的"花园"：寺庙园林、公园、菜园以及森林，以便员工们在这些地方放松身心。

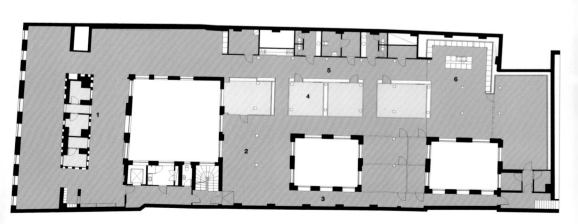

1. The Monastery 2. Lounge 3. Hall with reading boxes 4. Meeting room boxes 5. Black hall 6. Kitchen

NOiR办公室

纯白而内敛的空间，隐约有着学生实验室的样子。入口处的黑水池上方，那透空展示柜代表了 NOiR 的精神。空间内的开放式书柜给予人宁静、优雅而富有情趣的氛围。黑、灰、白，看似刚硬的颜色，在整个空间中柔和地展现！

设计公司：NOiR Design
设计师：Kyle Xiao, Hanxt Chang
摄影师：Chen Pin Hao

Luminare办公室

设计公司：MoHen Design International
设计师：Hank M. Chao
摄影师：Maoder Chou

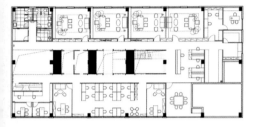

这个办公室坐落于上海市中心静安寺的位置，是由老厂房改造为办公室的新的创意园区。客户从事 LED 的营销，这个把设计师难倒了。毕竟，全部用 LED 灯来做整体照明的经验是他所没有的，具体用灯数量也一点概念都没有。单从建筑平面和剖面的格局来看，一个长方形挑高近 6 米的体量，需要一个有点意思的方式来切入才不会愧对这个空间。想来想去，最后决定用这种方式来解决：把这矩形当作长方形的蛋糕来切。第一刀横向切割，把第一个门厅切块分割出来，直接挑高到底。再往里一点的空间，纵向切割两刀自然形成了三块纵向矩形空间。中间的留下来挑高作为垂直空间的移动动线和视觉上的整合过渡空间。两侧再各给一刀横向切割形成一层跟二层独立的会议室和办公室。最后一刀留给后场的办公室，秘书及其他接待、资料储藏等空间。空间自然形成而且很干脆利索。

大空间划分完了，其他只剩下细节上的润饰，空间才不至于太过乏味。在几个关键的空间，设计师及其团队决定加上直接拉拔两层楼高的大门框把空间更加明确出来；另外，由于中间留了一个很大的开口破坏了二楼横向沟通的动线交流，所以他们补上了桥梁来缩短空间流动的缺口。为了把空间的层次做得更有趣，积累空间层次感的手法在这里被妥善运用，一个跟一个空间的叠加，再把垂直向量用线条加以分割让光线和视线能够穿透，可以让狭长的走道显得更为有趣而不至于太过单调乏味。材料上利用镜子的反射让端景可以更加迷幻一些；玻璃薄膜这个材质则可以用来掩饰部分应该被遮掩的部位但是又允许视线上的再链接。也就是除了空间运用的手段以外，适当的材料可以加大当初在概念上想要达到的目的。

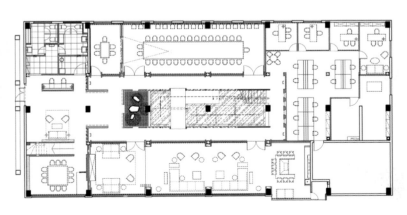

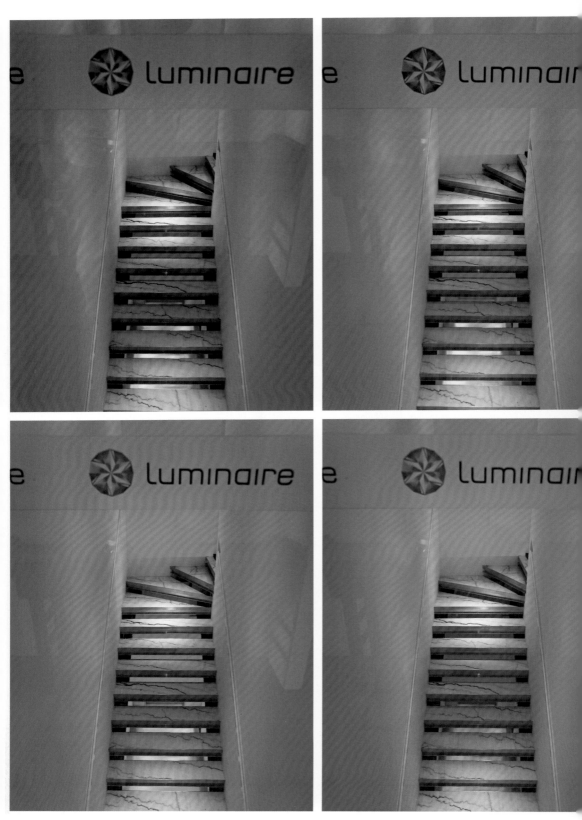

飞利浦半导体照明技术中心

设计公司：Sasaki Associates, Inc.
摄影师：Robert Benson Photography

纽约飞利浦半导体照明技术中心位于曼哈顿中心的第五大道，它拥有一座纽约经典的开放式阁楼空间。在这个开放的空间中，动态形式创造了独立的"小场景"，突出了飞利浦先锋LED照明技术的创造性使用，同时成为空间中最引人注目的地方。同时，"小场景"之间互相开放，占据了整个阁楼，以便使阁楼空间具有完整的功能区域：单独的销售区、潜在客户区、投资洽谈区、业务培训区以及商业活动区。

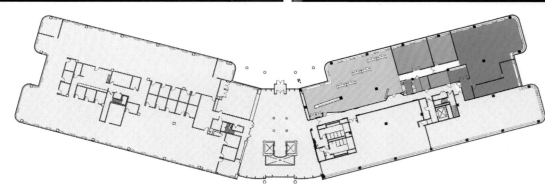
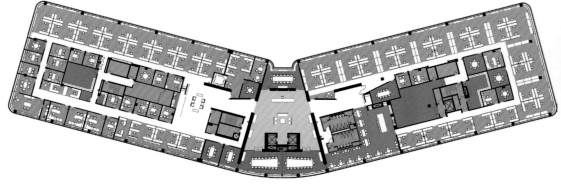

哥本哈根大学实验室

设计公司：Rosan Bosch & Rune Fjord
设计师：Rosan Bosch & Rune Fjord
摄影师：Anders Sune Berg

大学里面能拥有精美的室内环境吗？能在吊床上学习吗？如果你问哥本哈根大学或者 Rune Fjord and Rosan Bosch 设计公司，就会得到肯定的回答。传统的教学环境在 Try-Out 实验室中完全被颠覆。这间实验室的室内设计是未来二期实验室内部设计的标杆，它将在 2013 年落成。落成之后，它将被用作学习和教学。

大学在退学高峰时度过了一段非常难熬的时间，学校和政治家都在想办法改善学习环境。但遗憾的是，很多人都忽略了一点，那就是一个良好的学习环境受到主观因素和空间环境的影响。空间分布和室内设计既能成为学生学习的阻力，同时也能成为学习的催化剂。因此，Rune Fjord 与 Rosan Bosch 合作设计了这个有趣的学习环境。Try-Out 由学术中心，三个教室以及一个广场组成。在教室里，你可以看到柔软的沙发，形状规则的桌子，色彩丰富的挂毯。在学术中心，你甚至能都看到吊床以及口感醇厚的咖啡。

同时，室内的空间结构使得学习成为一种体验：学生在学习的过程中处处都能学到知识，他们就像置身于知识的海洋中一样，置身于一个奇妙的学习环境中。新安装的门打破了传统的教学环境的模式，使得学生感觉到更加轻松自在。

PREVIASUNDHED办公室

设计公司：Rosan Bosch
设计师：Rosan Bosch
摄影师：Laura Stamer

PREVIASUNDHED 办公室的设计整体比较明亮整洁，独特的平面图形和生动的色彩营造了一个友好的办公环境。就餐区靠近厨房，整体呈白色，墙面上有一些树形的平面装饰，而在室内的公共区域中既有固定的办公区又有一些比较灵活的讨论区，在那里，一张木桌放置其间，人们可以随意谈论工作、相互了解、探讨问题。除此以外，整个办公空间中还包括 3 间相邻的会议室、一间休息室以及一个拥有独特定制桌的会议室，这张桌子使得整个会议室独具特色。设计师除了要设计一个友好的能促进工作积极性的办公环境外，还要为 PREVIASUNDHED 公司在国内外树立企业视觉识别机制。

216

R.B.Akins公司办公室

设计公司: Elliott + Associates Architects
设计师: Rand Elliott, Bill Yen, Brent Forget
摄影师: Scott McDonald, Hedrich Blessing

此案例的目的是把一座20世纪50年代建设的仓库改建为R.B. Akins公司的办公室，它是一家专营供热通风设备以及空调设备的公司，整体室内设计要反映出公司的这一特点。设计师最终决定将这个办公室设计为一个巨大的展示厅，使其经营的产品能够一目了然地出现在人们面前，达到宣传企业特点的目的。设计师将供热通风设备中会用到的管道、网罩、铜管、散热器等都呈现了出来。整个办公区域使参观者过目难忘，叹为观止。

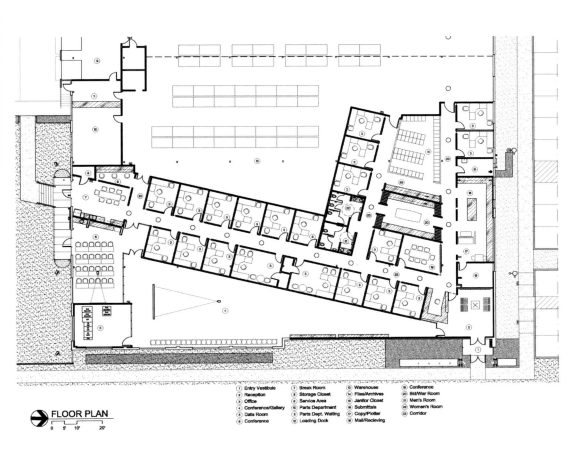

FLOOR PLAN

0   5'   10'   20'

(1) Entry Vestibule	(7) Break Room	(13) Warehouse	(19) Conference
(2) Reception	(8) Storage Closet	(14) Files/Archives	(20) Bid/War Room
(3) Office	(9) Service Area	(15) Janitor Closet	(21) Men's Room
(4) Conference/Gallery	(10) Parts Department	(16) Submittals	(22) Women's Room
(5) Data Room	(11) Parts Dept. Waiting	(17) Copy/Plotter	(23) Corridor
(6) Conference	(12) Loading Dock	(18) Mail/Recieving	

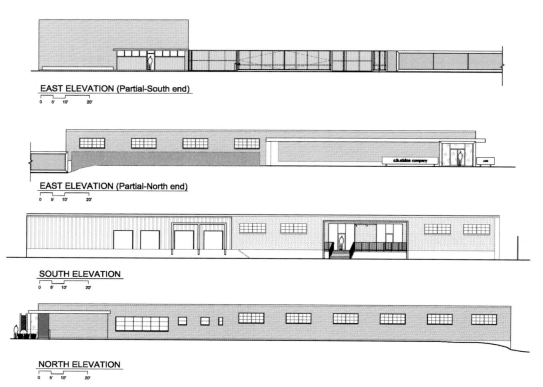

EAST ELEVATION (Partial-South end)

0   5'   10'   20'

EAST ELEVATION (Partial-North end)

0   5'   10'   20'

SOUTH ELEVATION

0   5'   10'   20'

NORTH ELEVATION

0   5'   10'   20'

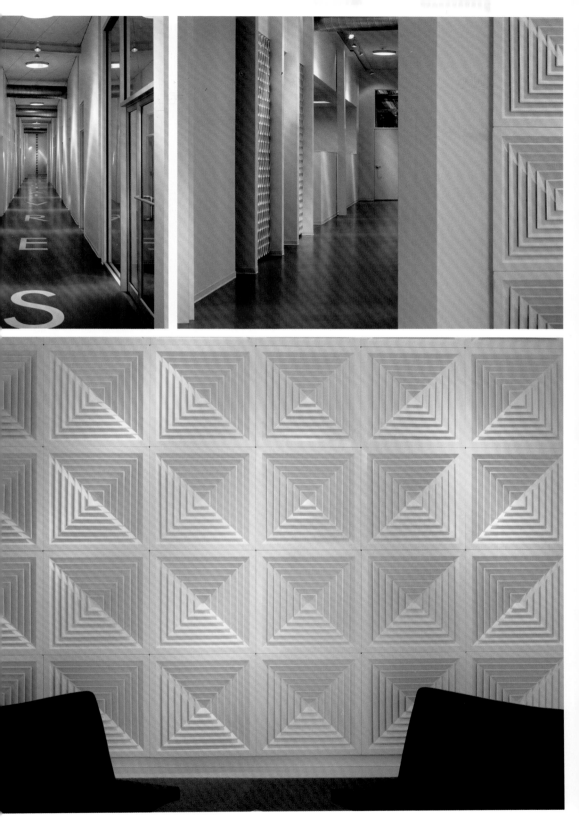

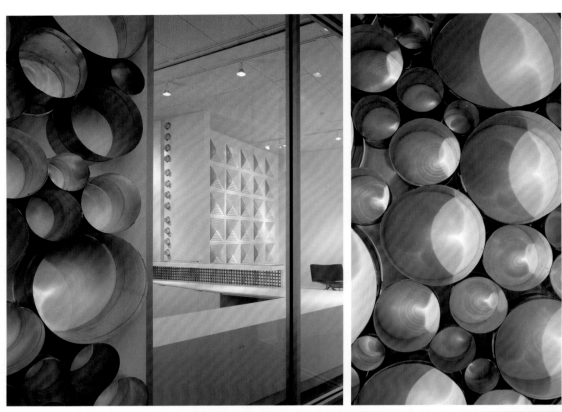

Rabobank Nederland
最新办公室

设计公司：Sander Architects
设计师：Sander Architects
摄影师：Alexander van Berge and Ray Edgar

　　阿姆斯特丹设计公司 Sander Architects 为荷兰乌得勒支一家名为 Rabobank Nederland 的公司设计了办公空间。Rabobank Nederland 在 20 家设计公司中选中了 Sander Architects 来承担面积达到 5.6 万平方米 的室内设计以及整栋 25 层高的大厦的建筑工作。在这家公司最新的 办公秩序下，其办公室的室内设计理念也发生了巨大的转变，设计 师面临着很多新挑战。当今的工作环境都比较侧重团队之间的合作 以及员工的工作热情。人们去办公室工作的重要一点就是接触社会。 为了实现这些目的，设计师将整栋大厦和办公室视为一个整体的现 代城市，在这里，个人的自由和相互的协作成为重中之重。

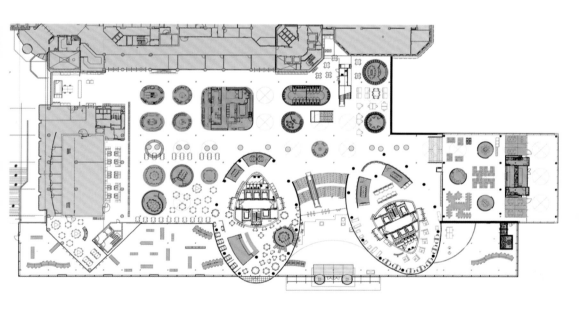

EDI最新总部办公室

设计公司：TIAR STUDIO, Roberto Murgia
设计师：Federico Florena, Roberto Murgia,
Antonello De Leo, Viviana Miccio,
Filippo Weber
摄影师：Francesco Jodice

Effetti Digitali Italiani (EDI) 这家专门对电影电视进行后期制作的公司决定在意大利米兰的唐人街设立新总部。光线通过带有高达7米拱形棚的屋顶进入室内。

室内像一个巨大的白色盒子，设计师将其分为三个部分使光线不用通过窗户也能射入屋内。员工的工作区域是一个天花板很高的开放空间，放置着能够容纳10个工位的圆形办公桌，这些办公桌之间通过一套能够传送数据、电能的系统相互联系，以便员工完成动画图像的制作。

室内用于维持正常工作的机械和电器元素并没有被设计师隐藏起来，但是也没有被特别地强调出来，它们只是出现在自己该出现的地方以供工作使用。

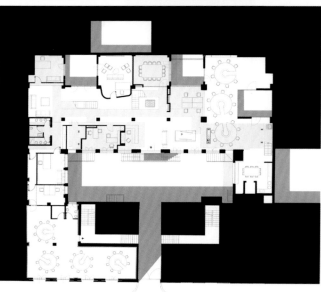

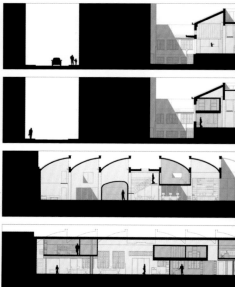

Toolbox Torino实验室

设计公司：Caterina Tiazzoldi / Nuova Ordentra
设计师：Caterina Tiazzoldi
摄影师：Sebastiano Pellion di Persano,
Helen Cany

Toolbox 是位于意大利都灵市的一家专业研究早产婴儿保育箱的企业。

从功能的角度说，此设计项目包括一个拥有 44 个独立工位的开放式空间，还有其他一些服务区域以及活动室。

1	Entrance
2	Reception
3	Informal meetings
4	Bar
5	Lounge / relax area
6	Printing room
7	Meeting rooms
8	Co-working
9	Bathroom
10	Pod for private phone call
11	Patio
12	Kitchen

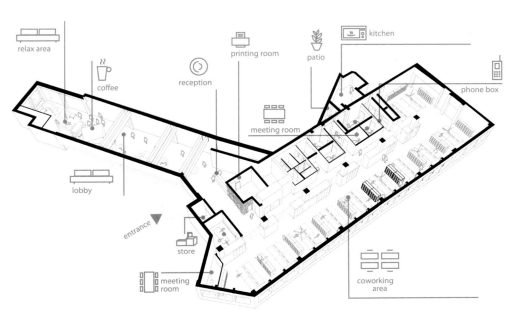

relax area

coffee

reception

printing room

patio

kitchen

phone box

meeting room

lobby

entrance

store

meeting room

coworking area

HILTI总部办公室

设计公司：metroquadrado® architecture graphic and webdesign
设计师：Susana Saraiva, Ísis Campos, Sérgio Magalhães
摄影师：Bernardo Portugal, Susana Saraiva

Lionesa 商务中心大楼不仅反映了经济与环境可持续发展，还具有潜在的美学特点和历史价值。它的前身是一家织造厂，大约 20 世纪 90 年代倒闭，之后被改造成了商务中心。以前的仓库和厂房被用作办公室和商务活动区域，营造了非常个性的环境空间。

这家工厂位于波尔图市区外，处于连接北部和中部地区的两条交通大动脉沿线。

工厂现存的空间被 HILTI 公司变为开放区域，高顶棚、石墙、实木通道和自然光这些特点仍然保留下来。

整个一楼包括：入口、员工入口、主要的开放式工作区、部门会议室、影印室、机房；储物柜和卫生间一起组成了狭长的走廊，连接各个部门和区域，并且横跨整个室内。由钢结构组成的二楼包含经理办公室、主会议室、陈列室以及餐厅，这些房间同样由走廊连接起来，而且在走廊上可以清楚地看到一楼的情况。

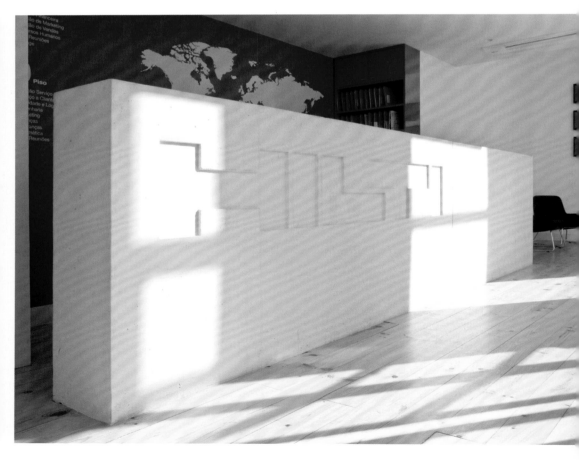

246

1 Piso ↗

Direção Geral
Direção Financeira
Direção de Marketing
Direção de Vendas
Recursos Humanos
Sala Reuniões
Lounge

251

Liip办公室

设计公司：OOS AG, Zürich
设计师：Christoph Kellenberger, Gonçalo A. Manteigas
摄影师：Dominique Marc Wehrli

Liip 网络公司的最新办公环境由 OOS AG, Zürich 设计公司为其量身定制。这家公司的总面积达到 400 平方米，共 22 个工位、两间会议室和一间休息室。所有的工位都与窗户对齐，这样不仅可以使每个座位采集到充分的阳光同时为公司的中心位置空出了极大的开放空间，可以用来放置家具。员工工作区是整个室内的重点区域，每个工位都有通向公司出入口的过道，地面采用黑色的地板，墙面上的绿色装饰给人轻松愉悦的感受，这种感受正是公司的品牌理念。与工作区域的色彩缤纷相比，会议室更加明亮充满时尚感。所有的房间都具有一样的银色天花板。

Pöyry Infra办公室

Pöyry Infra 工程公司位于苏黎世，总面积 560 平方米，共需 33 个工位。会议室和发表意见的头脑风暴室将整个开放空间划分开来，创造了一个健康的动态工作环境。会议室和头脑风暴室在一条直线上。整个室内的地板非常坚硬，但是由于安装着隔音天花板，所以噪音被控制在可以接受的范围之内。

设计公司：OOS AG, Zürich
设计师：Christoph Kellenberger, Emanuel Ullmann
摄影师：Dominique Marc Wehrli

TIEFBAU

261

Project Orange办公室

设计公司：Project Orange
设计师：James Soane, Christopher Ash
摄影师：Gareth Gardner

Project Orange 设计师事务所为自己公司设计了全新的办公环境，对于这家事务所来说，新的办公空间就像是城市中的圣地一般。设计的理念是将事务所最近接触的一些设计项目的灵感碎片拼接起来，同时也要对自己的团队进行挑战。灯具是专门为事务所打造的，而木质家具和饰品主要来源于事务所接过的酒店设计项目。走廊中的地毯设计源自在西班牙赫罗纳所照的一张照片，照片中的影像是一个很可爱的宗教建筑。混凝土地面下面铺设着地暖，而室内顶棚没有任何的装饰。总体来说，此次设计是关于员工如何工作；如何将客观事物、记忆和心思等融入到空间设计中的一份答卷。

Baroda Ventures办公室

设计公司：Rios Clementi Hale Studios
设计师：Mark W. Rios, Garth Ramsey, Huay Wee,
Melissa Bacoka, Daniel Torres,
Jean Lem Di Sabatino
摄影师：Tom Bonner

Rios Clementi Hale Studios 为 Baroda Ventures 公司翻新设计了两层楼的办公室，设计效果惊人，设计师将复古和现代设计融为一体，相辅相成，达到了极致的完美。设计师采用多个主题贯穿整个空间设计：新古典家居、纺织品、精心定制的圆形天花板、独具匠心的门锁以及重复出现被广泛应用的几何图案——这些组合起来形成了丰富紧凑的室内环境。

一楼的会议室中的一面落地窗起到了极好的采光效果，通过这面窗户，人们还能欣赏到南面的庭院深深。这面窗户的建筑外墙之上有一面覆盖着铁质防护的小窗户，防护的中心是四叶花瓣形状。这种形状是设计师运用到此项目中的一个基本的装饰图形。

贵宾接待室也设置在一楼，这间办公室同样也融合了现代设计与古典设计细节。

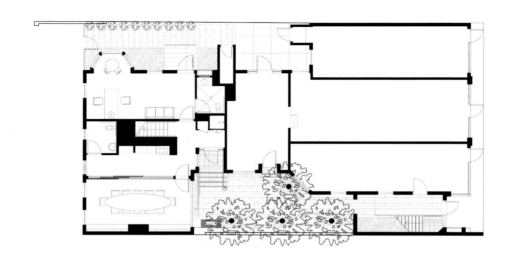

一层平面图

0 10 20 30 FT

N

二层平面图

0 10 20 30 FT

N

Ymedia全新办公室

设计公司：Stone Designs
设计师：Cutu Mazuelos y Eva Prego
摄影师：Stone Designs

对 Stone Designs 设计师事务所来说，Ymedia 办公室项目具有极大的挑战。办公室面积达 1200 平方米，包括三个不同的公司，每个公司又有其不同的设计要求。受到日本价值观和习惯的影响，设计师并没有在设计中过多地注重国际化的空间设计理念，而是一心希望营造出符合员工工作所需的办公环境。

设计的目的在于让员工感受到家一样的舒适，使他们能够在工作之余放松身心。设计师采用了比较单一的材料以便获得简单连贯的室内全景。设计师在家具选用以及空间分布方面都融入了景观庭院的视觉感受。

Yandex喀山办公室

设计公司：za bor architects
设计师：Arseniy Borisenko，Peter Zaytsev
摄影师：Peter Zaytsev

　　Yandex 是俄罗斯以及俄语国家中最大，最受欢迎的互联网服务公司。设计师受邀为其设计分公司办公环境。喀山办公室位于喀山市 Suvar Plaza 商务大楼的 16 楼。这个总面积 647 平方米的空间仅仅只设计了 41 个工位。办公室的平面图整体呈不规则四边形，中间是走廊，连接了办公室正门和紧急出口。

　　整个室内空间完全沿着这条走廊分布，走廊两侧分别有 4 个开间，每个开间可以提供 6 到 13 个工位。此外，室内还设有一个独立的服务区，它的边上是一间仓库和机房。与正门距离很近的办公区包含一个接待台、两间会议室，一间演示厅和餐厅，紧邻其后的是办公区和总裁办公室。

　　为了使工作区更加舒适，灯光的设计经过了谨慎的评估，使其更具美感。

　　传统的 Yandex 办公室设计以其轻松独特的半开放式办公格子间而闻名，与走廊区域相互孤立。在此项目中，设计师用圆形和人造地毯装饰着每个格子间内部，而外部则呈白色，与黑色的地板形成反差。

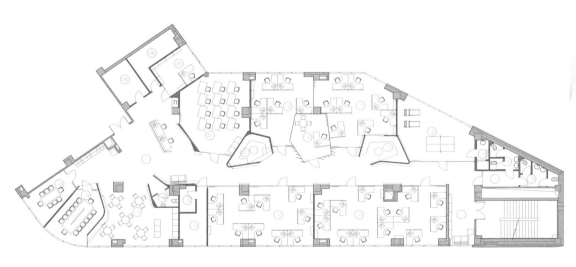

Yandex奥德萨办公室

设计公司：za bor architects
设计师：Arseniy Borisenko，Peter Zaytsev
摄影师：Peter Zaytsev

俄罗斯最大的互联网服务公司 Yandex 近期在乌克兰敖德萨市成立了一家新的分公司。它位于 Morskoy−2 商务大厦的 8 楼，占地面积 1760 平方米，四周被轻钢架所环绕，预计涉及 122 个工位。室内中部附近分别是会议室、演讲厅以及其他房间。工作区域呈开放式，主要集中在窗边。值得一提的是，这些窗户面向黑海以及奥德萨的优美风景区。窗户附近也有几件独立的屋子：咖啡厅、会议室、餐厅以及配置了台球桌、桌上足球、运动器械和设施的体育活动场地。

网络和通信线缆分布在天花板上，而电线隐藏在开放区域的地板之下。

Yandex 所有的办公室设计中都有很多非常复杂的细节，它接待台是特殊定制的，呈现出独特的几何图形，就像一只箭头。

此项目是 za bor architects 建筑师事务所的设计师 Arseniy Borisenko 和 Peter Zaytsev 为 Yandex 设计的第 9 家分公司，他们在阐述自己的创意时这样说："我们的目标是设计最具欢快明亮感的办公室，它的设计必须非常特别，让人印象深刻。"

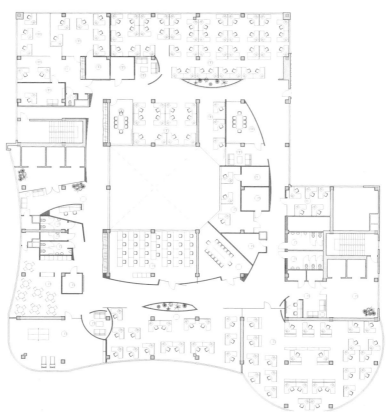

后　记

　　国际设计新风尚系列丛书涵盖了艺术设计多个专业方向，包括室内设计、陈列设计、平面设计、展示设计等。内容都是精选的国际最新优秀案例，在编写这套丛书的过程中，编写团队为保证高品质的内容付出了大量努力，也正是大家的共同努力才保证该系列丛书的顺利出版。

　　参与该系列丛书编写的人员有：李夫振、李葚、郭宇佳、王晓群、刘狄、范明懿、乔萌、刘树媛、丁茜、刘景卉、古丽婵、于淼、李富艳、黄岳、刘建伟、袁宇倩、谢坤、董庆庆、张宁、张树彬、郑芳、魏小娟、孙世亮、王作、崔寿峰、张雪妮、郭峰、张琪、魏钊。

　　团队的力量是强大的，这一成果属于编写团队的每个成员。在此系列丛书出版之际，向参与编写的所有人员表示最由衷的感谢和敬意！

编者